LE CHEVAL

et

LES AUTRES ANIMAUX DOMESTIQUES

EN FRANCE

DANS LES INSTITUTIONS DU MOYEN AGE

PAR A. COLLARD

VÉTÉRINAIRE A VITRY-LE-FRANÇOIS

Membre et lauréat de plusieurs Sociétés savantes

CHALONS-SUR-MARNE

Imprimerie

TYPOGRAPHIQUE-LITHOGRAPHIQUE DE L'UNION RÉPUBLICAINE

Rue d'Orfeuil, 27, rue Gambetta, 10

—

1893

LE CHEVAL

et

LES AUTRES ANIMAUX DOMESTIQUES

EN FRANCE

DANS LES INSTITUTIONS DU MOYEN AGE

PAR A. COLLARD

VÉTÉRINAIRE A VITRY-LE-FRANÇOIS

Membre et lauréat de plusieurs Sociétés savantes

CHALONS-SUR-MARNE

Imprimerie

TYPOGRAPHIQUE-LITHOGRAPHIQUE DE L'UNION RÉPUBLICAINE

Rue d'Orfeuil, 27, rue Gambetta, 10

—

1893

LE CHEVAL

ET LES AUTRES ANIMAUX DOMESTIQUES

EN FRANCE

DANS LES INSTITUTIONS DU MOYEN AGE

PAR A. COLLARD

Vétérinaire à Vitry-le-François

Considérations préliminaires

Ce travail, honoré d'une lettre de félicitations de la Société centrale de médecine vétérinaire de Paris, peut faire suite à notre Histoire du cheval en France depuis les temps les plus reculés jusqu'au moyen âge, que nous avons publiée l'an dernier. Il peut en être considéré comme la deuxième partie.

Ce sont encore les historiens et chroniqueurs et les *Etablissements* ou Ordonnances des rois, qui nous donnent les détails les plus intéressants sur le régime des animaux domestiques ainsi que sur celui du cheval, qu'il soit destiné à la guerre ou à l'agriculture ; les documents spéciaux nous font encore défaut pour cette période. Nous verrons que pendant toute sa durée, comme dans les premiers temps de notre histoire, les animaux domestiques conservèrent une grande importance, non-seulement pour les nobles et grands seigneurs, mais encore pour le peuple travailleur des villes et des campagnes. Toutefois on prévoit de suite que c'est le cheval employé dans la bataille qui va surtout nous occuper. Pendant le moyen âge, en effet, tout ce qui ne servait pas dans les combats passait pour ainsi dire inaperçu.

A la mort de Charlemagne, la faiblesse de ses successeurs et les invasions normandes préparent le démembrement de son immense empire. Une autre race jeune et vigoureuse vient remplacer les derniers Carolingiens épuisés. Ce n'est pas sans une vive résistance de la part des anciens *Leudes* qui ne pensaient en cela qu'à conserver le pouvoir quasi royal qu'ils s'étaient attribué dans leurs domaines.

La *Féodalité*, en germe déjà dans les premières institutions des Francs, se développe à l'aide de ces circonstances favorables. C'est le régime de la force et de la violence, où le plus fort abuse trop souvent du plus faible, pour lui imposer brutalement sa loi.

Le rôle du cheval est alors prépondérant ; la cavalerie a pris la première place dans l'armée qu'elle compose presque exclusivement. Ceci explique comment il se fait qu'à partir de ce moment, cet auxiliaire devenu tout-à-fait indispensable, se rencontre en toute circonstance. Il est l'insigne de la plus haute noblesse, et donne son nom aux plus hautes dignités militaires, au *Maréchal* et au *Connétable*, ainsi qu'à une des principales institutions de la Féodalité, la *Chevalerie*, qui brilla d'un si vif éclat dans ces grandes guerres appelées *Croisades*, engagées contre les Musulmans de l'Asie-mineure, de la Palestine et du nord de l'Afrique.

CHAPITRE Ier.

Le Maréchal.

Comme nous l'avons vu dans la première partie de ce travail, les premiers rois de France avaient le *Maréchal*, qui n'était chez eux qu'un esclave domestique des chevaux, ne s'occupant pas de la ferrure, parce qu'elle était encore inconnue de ces peuples. Le silence que les capitulaires gardent sur ce sujet, est une preuve négative si l'on veut, mais une preuve de ce que nous avançons ici. Ce n'est que plus tard, par suite d'un contact plus ou moins prolongé avec les Gallo-Romains, qui la pratiquaient depuis un certain temps déjà, que les Francs l'adoptèrent après en avoir reconnu toute l'utilité.

Cet infime fonctionnaire étend peu à peu ses attributions naturelles ; chargé de la nourriture et de l'hygiène des chevaux, leur ferrure est aussi de son ressort, il devient notre *maréchal-ferrant*. Puis il panse les chevaux quand ils sont blessés, et fait même de la médecine. Parmi ses outils, figurent au moyen-âge : les flammes, le bistouri, la rénette, la feuille de sauge, etc.

Son travail est ainsi tarifé (1) : « dix deniers et non plus un fer neuf à palefroi ou à roussin, en fer d'Espa-

(1) Ordonnance de Jean-le-Bon, Paris, 19 novembre 1350.

gne, et neuf seulement en fer de Bourgogne. Pour les chevaux de harnais les plus forts, c'est sept deniers et six pour de plus petits. »

Les ouvriers de ce corps d'état formaient une corporation ayant un règlement et des privilèges spéciaux. Pour être reçu maître, l'apprenti devait faire un chef-d'œuvre. Le fils du maître, orphelin, pouvait tenir boutique à dix-huit ans ; dans tout autre cas, il devait être âgé de vingt-quatre ans. Tout maréchal marque son ouvrage à son poinçon déposé au Chatelet, sur la table de plomb. Lui seul a le droit d'estimer les chevaux, de les faire vendre et acheter, moyennant salaire.

A côté de l'artisan qui se contente de sa modeste position, il s'en est trouvé d'autres, comme Leudaste, dont nous avons rapporté l'histoire, qui, poussés par l'ambition, mirent à profit des circonstances favorables, pour s'élever jusqu'à prendre rang parmi les grands dignitaires de la Couronne. Pourvus de la surveillance des chevaux du palais, ils surent se rendre utiles aux princes et s'introduire de leur écurie dans l'armée.

Ce fut d'abord une sorte de sous-officier, à peu près tel que nous le retrouvons encore aujourd'hui sous le nom de *maréchal-des-logis*, chargé de la distribution des fourrages. Par cette fonction, il fut mis à la tête de l'avant-garde, pour choisir un lieu propre au campement et pour reconnaître l'ennemi. Plus tard il y eut des officiers portant ce titre, qui devaient pourvoir au logement des gardes du roi : gardes du corps, gendarmes, chevau-légers, mousquetaires, cent-suisses, gardes-françaises, etc.

Aux XIe et XIIe siècles, l'autorité du maréchal dans l'armée prit une plus grande extension. Dans les *Assi-*

ses de Jérusalem, le maréchal, dit M. Michaud (1), commandait sous les ordres du Connétable auquel il devait hommage de son office : il remplaçait celui-ci dans toutes les circonstances où il ne se trouvait pas présent dans le camp ou à l'armée.

Dans les guerres entre Philippe-Auguste et Richard Cœur-de-Lion, il est question du maréchal de France. Dans la campagne terminée par la trève de Chinon, entre les rois de France et d'Angleterre, on voit un maréchal de France, Henri Clément à la tête de l'armée (1214).

Cette fonction était alors amovible ; une lettre de Philippe VI de Valois nomme en effet le sire de Mareul, gouverneur du fils aîné du roi, avec un traitement à vie. C'était une dignité supérieure à celle du maréchal qu'il possédait et qu'on lui faisait quitter.

Il n'y en eut d'abord qu'un seul, puis deux sous saint Louis jusqu'à François Ier, qui nomme trois titulaires et un quatrième suppléant. Chacun d'eux eut son département et devint inamovible. Henri II confirma ce quatrième et François II en nomma un cinquième. Les Etats de Blois, sous Henri III, n'en conservèrent que quatre, mais Henri IV, Louis XIII et Louis XIV en augmentèrent le nombre qui fut porté jusqu'à vingt en 1703. Il est vrai qu'a cette date les armées étaient plus nombreuses qu'autrefois. Il était descendu à onze en 1789. Nous avons vu les Napoléon reprendre cette tradition abondonnée par la première République ainsi que par la troisième.

(1) Histoire des Croisades.

CHAPITRE II.

Le Connétable.

Ce haut fonctionnaire existait déjà avant que le Maréchal n'eût pris une situation prépondérante dans les armées. Les chefs barbares au contact des empereurs d'Orient, avaient été frappés de la solennité du cérémonial qui accompagnait toutes leurs démarches ; ils cherchèrent à les imiter, pour imposer en tout temps à leurs peuples, par l'éclat extérieur, une autorité qui n'était incontestée que pendant la guerre.

Le *Connétable* remonte, en effet, à une haute antiquité ; les empereurs romains avaient un officier surintendant de leurs écuries, appelé *Comes stabuli* (1) ; les empereurs grecs le conservèrent sous le nom de *Magnus Contostaulus*. De là le nom et la fonction passèrent chez les Goths d'Espagne (2), puis chez les premiers rois Francs.

Grégoire de Tours le désigne en plusieurs endroits de son Histoire ecclésiastique des Francs sous le nom de *Comitatus stabulorum* (3), Réginon parle de Burchard, *Comites stabuli* (4) ; Aimoin parle également du préposé aux chevaux de la maison des rois de la première race (5). Ebroïn et Roccon remplissaient cet office sous Thierry, roi de Metz.

(1) Cod. Theod. — De anona et tributis.

(2) Concile 13 de Tolède.

(3) Liv. 5, chap. 40, 48. — Liv. 9, chap. 38r — Liv. 10. chap. 5.

(4) Quem Constabulum corrupte appellamus.

(5) Quem vulgo Connestabilem vocabant (Hist. des Francs. Liv. 3. Ch. 7).

Sous la deuxième race, son emploi s'étendit dans les armées en prenant de suite une certaine importance(1). Aimon rapporte que Geillon, *comte d'étable*, fut envoyé par Charlemagne contre les Esclavons. Guillaume l'était sous Louis le Débonnaire, et Leudégésile, sous Gontran, roi d'Orléans, frère de Chilpéric.

Au commencement de la troisième race, cette fonction était encore bornée officiellement au commandement de l'écurie du roi. Ce ne fut que sous Henri Ier, avec Albéric de Montmorency, qu'elle s'éleva en dignité, mais sans être héréditaire. D'officier de la maison du roi il le devint de la couronne et fut appelé à signer les chartes et ordonnances royales, comme témoin, en même temps que le sénéchal et le chancelier, avec qui il marchait de pair. Mathieu II de Montmorency qui s'était distingué à la bataille de Bouvines en 1214, donna à cette charge tout son éclat.

Le Connétable était, après le roi, chef souverain des armées de France ; en guerre tous au camp lui devaient obéissance. Il jouissait de privilèges particuliers, il avait la garde de l'épée du roi et la recevait toute nue pour lui faire *hommage-lige*. Quiconque l'offensait, offensait le roi lui-même. D'après les assises de Jérusalem, il pouvait avoir dix chevaliers en sa compagnie, mais qui devaient être choisis en dehors de ceux de *l'hotel du roi*. Il percevait des droits pécuniaires sur les gens d'armes en campagne, réglait toutes les choses de la guerre et tout ce qui concernait les soldats. Sa juridiction spéciale était à la *Table de marbre*, à Paris.

Une ordonnance d'août 1403 et des lettres du 30 juillet 1406, le confirment dans le droit de connaître même

(1) Hincmar — Requête ad proceres palatii.

en défendant, de toutes causes personnelles, civiles et criminelles des sergents d'armes.

Lesdiguières fut le dernier titulaire de cette charge que Louis XIII supprima par un édit de janvier 1627. Les fonctions en furent réunies à celles du maréchal de France. Rétablie par sénatus-consulte de floréal an VII, art. 5 et statut impérial du 30 mars 1806, mais sans pouvoir effectif, elle a cessé d'exister à la Restauration.

Ainsi donc quand le Connétable eut acquis une situation plus élevée que celle de ses débuts, il fut remplacé dans la direction de l'écurie du roi par celui qui y occupait le second rang et qui est désigné sous Philippe-le-Bel, en 1294, par le nom d'*Ecuyer* ou grand maître de l'écurie du roi. Sous Charles VII, on l'appela le *Grand Ecuyer* et sous Louis XI, le *Grand Ecuyer de France*. Le titre resta à ses successeurs jusqu'à nos jours, avec quelques variations dans leurs attributions (1).

Ce haut fonctionnaire prête serment au roi et l'accompagne dans ses courses à cheval et en voiture, en chasse et en guerre. Il lui met ses éperons et prend soin de son cheval. Il dispose de toutes les charges de la Grande et de la Petite Ecurie ; s'occupe de tout ce qui en dépend, et ce n'est pas une sinécure !

(1) On a voulu trouver l'étymologie de ce mot, dans le latin Equus ; s'il en était ainsi, on devrait écrire *Equier*. Ce n'est que par extension qu'on l'appliqua aux gens de l'écurie, dont les plus hauts en grade étaient tous de noble origine. Il vient plutôt d'un autre mot latin *Scutum*, écu, bouclier. C'était le nom donné aux hommes de guerre qui accompagnaient les chevaliers dont ils portaient l'écu ou bouclier et qui étaient nobles eux-mêmes, comme nous le verrons plus loin, et conformément à une ordonnance de Jean le Bon du 20 avril 1363. Charles VII appela *Ecuyers du corps*, des gentilhommes qui formaient sa garde à cheval.

La Grande Ecurie se compose des chevaux de guerre. de manège et de chasse ; la Petite Ecurie comprend les carrosses, calèches, chaises roulantes et à porteurs.

CHAPITRE III.

La Chevalerie.

C'est encore le cheval, dont il fut l'instrument de prédilection, qui donne son nom à cette institution, la *Chevalerie*, qui joua le plus grand rôle pendant tout le moyen âge.

Le régime féodal qui fut celui de la France durant une si longue période, était surtout un régime aristocratique. « Il y avait en France comme deux nations superposées : les nobles et les travailleurs (1) ». Quoique les premiers se fussent surtout arrogés des droits sur les autres, il y avait eu cependant au début de leurs relations, une sorte de contrat synallagmatique entre eux et les gens du menu-peuple. Ceux-ci n'avaient accepté les exigences des premiers qu'à condition qu'ils les protégeraient contre toute espèce de violence.

Les nobles féodaux, dit encore M. Ramband, sont nés et élevés pour la guerre ; le vilain n'est soldat que par occasion, il sert à pied ; le guerrier par excellence, c'est le noble, c'est le cavalier. La guerre est son métier et son plaisir, il en abuse souvent.

Dés le XIe siècle, alors que la féodalité est dans toute sa puissance, la situation est tellement intolérable, « même pour ceux qui en sont les auteurs », qu'après

(1) Histoire de la civilisation française par A. Raimbaud. 2 vol. 1888, Paris.

avoir accepté la *Trève de Dieu*, non sans certaines reserves, les nobles batailleurs aspirent à devenir *Chevaliers*. L'Eglise les encourage et les dirige dans cette voie ; ils s'astreignent à certaines règles sévères sous peine d'être déclarés *félons*. En paix comme en guerre, ils se doivent à la défense du faible et de l'opprimé ; les veuves, les orphelins et les prêtres sont de droit sous leur protection. Ils se battent pour le roi ou même contre lui, pour leur dame ou pour tout autre motif, quand leur propre gloire est engagée. L'appât du gain n'est pas toujours pour eux sans attrait.

Cette confrérie militaire et religieuse prétendait remédier aux désordres du temps, conséquence de l'affaiblissement du pouvoir royal mais en dehors de ce dernier. Elle eut sa raison d'être et rendit des services ; son isolement voulu allant jusqu'à l'indiscipline, et sa bravoure jusqu'à la témérité, causèrent sa perte, en même temps qu'ils faillirent être celle de la France toute entière.

Avant d'être armé chevalier, le jeune noble devait faire un long stage. Dès l'âge de sept ans, il était le *page* d'un seigneur ou même d'une dame. Pendant cette période il était initié à une éducation où les exercices du corps avaient déjà la plus grande part.

A quatorze ans, il recevait avec l'épée et les éperons argentés le titre d'*Ecuyer* ; il portait l'écu ou bouclier du chevalier, dans les joûtes et tournois, où il devait l'assister, de même que dans la bataille. Il lui rendait en outre des services personnels de toute nature.

Il apprit ainsi non-seulement à donner de grands coups d'épée, mais encore des écuyers habiles et plus âgés lui enseignaient l'art indispensable de soigner et de dresser les chevaux, car la moindre négligence pouvait compromettre sa gloire, son existence même, dans les combats auxquels il prendra part dans la suite.

Enfin à vingt-et-un ans, il était reçu chevalier lui-même, et prenait les éperons d'or.

A partir de Philippe Auguste, il y eut des *chevaliers-bannerets* (1), assez puissants en terres et en vassaux, pour conduire cinquante hommes d'armes au complet, c'est-à-dire avec leurs archers, arbalétriers, etc., et des *bacheliers* ou *bas-chevaliers*, qui n'avaient pas encore l'âge de lever bannière, ou qui n'avaient pas assez de biens pour que ce droit leur fût reconnu. Néanmoins ils devaient faire preuve de quatre quartiers de noblesse comme les autres. En cas d'infraction, le roi ou le baron avait le droit de leur couper les éperons.

Après le XIIIe siècle, les règles de la chevalerie devinrent moins rigides ; on les observa moins strictement. Des écuyers de plus petite noblesse s'en attribuèrent les privilèges ; il y en eut même qui levèrent bannière pour leur propre compte comme des chevaliers.

Aux beaux jours de l'institution, on rencontra des *chevaliers errants*, qui toujours chevauchant, couraient de par le monde, pour chercher des aventures et défendre envers et contre tous l'honneur de la dame de leurs pensées. Les exploits de certains d'entre eux nous ont été transmis par les contemporains dans une littérature spéciale.

Dans ces dernières années, nous avons retrouvé cette même littérature, transformée au goût du jour. Qui n'a

(1) Le nombre de la cavalerie dans les armées se comptait alors par celui des bannières comme on l'a fait plus tard par celui des escadrons.

lu les aventures des *Trois mousquetaires* et de tant d'autres bretteurs et redresseurs de torts ? *Ces romans de cape et d'épée* ont fait les délices de notre jeunesse.

Le *Don Quichotte* de Michel Cervantès, aussi bien que le *Rolland furieux* de l'Arioste et le *Gargantua* de Rabelais, donnèrent le coup de grâce à la Chevalerie expirante, en la montrant sous ses côtés les moins raisonnables et les plus extravagants.

Le Destrier

Dans la bataille et dans les joûtes et tournois, le chevalier monte le *Destrier* que son page conduit à sa *dextre*, à sa droite. C'est un cheval grand, fort et robuste, qu'on tire souvent de l'étranger et qui est réservé aux seuls gens de qualité.

« Charles V, dit Christine de Pisan (1), déclarant la guerre à Edouard d'Angleterre, pour annuler le traité de Bretigny, fait venir de beaux destriers d'Allemagne et de la Pouille. »

Il était entier comme la plupart des chevaux de guerre de cette époque. Le chevalier eut dérogé en montant une jument ; elle était réservée aux dames, sous le nom de *haquenée*, si elle était bête de luxe. La jument commune au contraire est montée par le chevalier félon qu'on va dégrader.

Nous avons vu dans la première partie de cet ouvrage, que les Francs donnaient plus de valeur au cheval entier qu'à la jument dont ils ne se servaient pas pour la guerre.

Le choix du cheval comme monture de guerre, n'était pas sans présenter quelques inconvénients.

(1) Le Livre des faits et bonnes mœurs du sage roi Charles. Chapitre XVIII.

Joinville dans ses *Mémoires*, raconte qu'il faillit coûter la vie au seigneur d'Autrêche, à la bataille de Mansourah : « Avant qu'il arrivât aux Turcs, son cheval tomba et se releva et lui passa pardessus le corps ; et le cheval s'en alla aux ennemis tout couvert de ses armes, parce que la plupart des Sarrasins étaient montés sur des juments, et pour cela le cheval se retira sur les Sarrasins. »

Villehardouin, à plusieurs reprises (1), donne aussi le nom de destriers aux chevaux de guerre des chevaliers, à l'exclusion de ceux des autres hommes à cheval, pour lesquels nous allons voir que des noms spéciaux ont été réservés.

« Vous eussiez vu là plusieurs braves chevaliers et gens de pied descendre des navires, et maint bon destrier en sortir pour gagner la terre ferme. »

En débarquant devant Zara. « Dès que les Croisés apprirent devant Corfou que le fils de l'empereur de Constantinople était arrivé, les chevaliers et les hommes de pied allèrent au-devant de lui, y faisant conduire maint bel destrier. »

Et plus loin avant d'attaquer Constantinople : « Quand ils eurent ouï la messe, ils s'assemblèrent en parlement à cheval, au milieu de la campagne. Là vous pouviez voir maint bel destrier et maint chevalier dessus. »

Puis : « Les chevaliers s'embarquèrent avec leurs destriers. »

1) Histoire de la conquête de Constantinople.

Le Palefroi

Les chevaliers montaient encore un autre cheval, mais non pour la bataille, ni le tournoi, c'était le *Palefroi* (1), plus léger et plus brillant, d'allure plus douce destiné à la parade seulement. « Li autre sont palefroi par chevauchier à l'aise dou cors » (2).

Avant d'engager la bataille contre Burille, roi des Bulgares, « les palefrois s'avancent, dit Henri de Valenciennes, le continuateur de Villehardouin, on monte sur les destriers. »

« Charles monté sur un palefroi d'élite, dit Christine de Pisan (3), chevauchait au milieu des siens. Devant lui étaient rangés ses gentilshommes et ses gens d'armes, tous pourvus comme pour un combat. A sa suite plusieurs beaux destriers couverts de riches harnais étaient tenus en main. »

D'après Godefroy (4), Du Cange et Ménage, le palefroi servait aussi en guerre, mais plutôt au transport des bagages qu'au combat.

Comme la *haquenée* il est facile au montoir et marche ordinairement l'amble, c'est pourquoi on le réserve souvent comme monture pour les femmes.

(1) Du latin *Paravaredus* et *Palafredus* qui désignait un cheval pour aller en diligence dans les chemins militaires et de traverse, d'après Godefroy (Cod. Théod.) Du Cange et Ménage. Le P. Labbe, dans le petit dictionnaire ancien, imprimé à la suite des Etymologiés, a cru devoir traduire, dit Laurière, palefroi par *gradarius*, qui dans Varion, signifie qui a le pas doux, qui va l'amble.

(2) Brun. Latin. Trésor. p. 241.

(3) Ouvrage cité. Ch. XVII : Où il est dit... et de l'ordre qu'il observait dans ses courses à cheval.

(4) Code Theod.

Le Roncin ou Roussin

Nous l'avons vu plus haut, le destrier était réservé au chevalier, l'écuyer montait un cheval d'un autre type : le *Roncin* ou *Roussin*. C'était aussi le plus souvent un cheval entier comme le destrier, épais et de race plus commune et qu'on tirait également de l'étranger, vu la pénurie de bons chevaux que les troubles du moyen âge ne permettaient pas de produire en France en assez grande quantité.

Roncin (1) est le mot primitif, ce n'est que plus tard par altération du mot qu'on l'appela *Roussin*, parce qu'on crut trouver son étymologie dans l'allemand *Ross*.

On le confondait quelquefois avec le *sommier* ou cheval de somme ; nos anciens chroniqueurs emploient ce mot dans les deux sens, mais plutôt dans celui du cheval de guerre.

« Il n'en perdrat ne roncin, ne sommier », trouve-t-on au Liv. LVII de la *Chanson de Rolland*.

« Si veïssiés maint bon chevalier, dit Villehardouin (2), et maint bon serjant aller encontre, et mener maint bon destrier et maint roncin ».

Le sommier et le roussin appartenaient bien en effet à deux catégories différentes, mais non pas tellement tranchées qu'elles ne puissent parfois se confondre.

Brunes (3) le considère comme un cheval de somme : « Li autre sont roncin por somes porter ». La *Coutume* de Normandie, chap. 5, nous paraît plus dans la vérité, quand elle en parle comme d'un cheval de service propre à la guerre.

(1) En latin Runcinnus.

(2) Conquête de Constantinople LVI.

(3) Trésor manuscrit, p. 241.

C'est ainsi que nous le comprenons dans les *Etablissements de saint Louis* (1) et dans plusieurs coutumes, où il est question du *Roncin de service*, dû par le vassal à son seigneur pour certaines terres sujettes à ce droit, dont l'origine est fort ancienne, pour raison de mutation, par suite de la mort de l'un ou de l'autre, mais non pour raison de l'hommage.

Selon Beaumanoir, il tenait quitte du service militaire le vassal sa vie durant (2). Il était dû en nature ou en argent, si le seigneur voulait bien l'accepter ainsi. selon une estimation qui ne pouvait pas être inférieure à soixante sous, à moins que le fief ne rapportât pas par an dix livres tournois. Certaines coutumes l'estimaient d'après la valeur du fief.

Le vassal devait l'amener dans les soixante jours, bridé, sellé, tout équipé et bien ferré des quatre pieds ; le suzerain le faisait monter par le plus fort de ses écuyers, armé du haubert ; et si dans cet equipage, il pouvait faire douze lieues le même jour et recommencer le lendemain, il était forcé de l'accepter. S'il le refusait après cette épreuve, il avait encore un an pour le réclamer, passé ce délai, il n'y avait plus aucun droit.

Un autre passage de ces mêmes Etablissements indique très nettement l'usage du Roncin : « Le gentilhomme qui perd ses meubles pour quelque méfait,

(1) Les ordonnances connues sous le nom d'*Etabissements de saint Louis* ne sont qu'une compilation de deux coutumes angevine et poitevine, et des ordonnances des règnes précédents, qui n'eut rien d'officiel, mais qui n'en eut pas moins une grande influence sur l'application des lois à cette époque.

(2) Charte de Philippe-Auguste de 1222, qui déclare franc la fief qui doit le Roncin de service. « Liberum feodum per servitium unius runcinui. »

quand son seigneur les fait saisir, s'il est un homme d'armes, ce dont le seigneur peut s'assurer en exigeant le serment, gardera ses palefrois, le *roncin de son écuyer* et son *sommier qu'il mène par la terre*, son lit, son agraffe, son habit de cérémonie, un âne, le lit de sa femme, une de ses robes, son âne, une ceinture et une aumônière, une agraffe et ses coiffures. »

On trouve dans une ancienne chronique d'Angleterre, écrite en français, intitulée *Vaurains* : « Si fut messire Alains pris et cent chevaliers avec, sans plusieurs autres nobles hommes, et avec ce y eut deux cents roncins tout couverts de fer prins et retenus. »

A propos de la bataille de Mansourah, Joinville qui venait d'être démonté, écrit : « Là où j'étais à pied... un mien écuyer me bailla un mien roncin sur lequel je montai. »

Prenant les chevaux des Sarrasins, plus petits que ceux des Croisés, pour des animaux inférieurs, il dit plus loin : « Le Cheftain vint sur un petit roncin (1), examiner la disposition de notre armée. »

« Et me conta le roi étant prisonnier, dit aussi le compagnon de saint Louis, qu'il était monté sur un petit roncin couvert d'une housse de soie.

Ce petit roncin offert au roi, était probablement de la même famille que celui du cheftain, dont nous venons de parler ; néanmoins saint Louis considère cette monture comme peu honorable, il est heureux de l'échanger contre un palefroi qu'on lui amène dès son arrivée à Acre.

(1) Ce petit cheval que Joinville appelle un *roncin* ne méritait certainement pas d'être traité aussi dédaigneusement. C'était un de ces coursiers d'Orient si durs et si résistants à la guerre, dont nous avons appris depuis notre chroniqueur à connaître toute la valeur.

Ce n'était donc pas un animal digne du chevalier, Villehardouin a déjà dit : « Guillaume du Perchoy s'échappa de la mêlée sur un roncin. » C'était sûrement le seul cheval qu'il eut trouvé à sa portée.

Plus tard nous retrouverons un cheval ayant des traits de famille avec le roncin, c'est le *Courtaud*, sorte de double poney, auquel une mode telle que celle qui existe aujourd'hui pour une certaine race de chiens, voulait qu'on coupât les oreilles et la queue. On voyait encore à la fin du siècle dernier, de ces chevaux ainsi mutilés ; on les disait *bretaudés* ou *moineaux*. De nos jours on se contente de leur tenir la queue et quelquefois la crinière très courtes.

CHAPITRE IV.

Le cheval dans les Croisades

Dans ces grandes guerres du Moyen âge connues sous le nom de *Croisades*, les chevaliers eurent souvent l'occasion de faire avec de belles passes d'armes, de grandes chevauchées, c'est pourquoi le cheval prit pour eux une nouvelle importance. Si l'avant-garde de l'armée de la première Croisade, sous la conduite de Gauthier-sans-Avoir, n'eut que huit cavaliers, Godefroy de Bouillon, le chef de la véritable armée, en eut dix mille au départ, ce sont eux sur qui on faisait le plus de fonds. A partir de ce moment jusqu'à la fin de ces guerres avec l'Orient, des chevaliers ne cessaient d'affluer de tous les points de l'Europe vers ces contrées, comme vers une terre promise, pour y combattre les infidèles, et aussi dans l'espoir, qui se réalisa pour un certain nombre, de se tailler dans ces pays lointains, de la lance et de l'épée, quelque principauté, qui porterait au loin leur richesse et leur renommée.

A défaut d'autre bénéfice, ils pouvaient compter sur une part dans les prises faites sur l'ennemi ; nous voyons en effet qu'à la prise de Constantinople en 1204, lors du partage du butin, un chevalier eut deux fois autant qu'un simple cavalier, et celui-ci le double d'un fantassin. Ils avaient en outre la chance d'être gagés par les rois au service de qui ils se plaçaient. Dans la troisième Croisade, Philippe-Auguste, à son arrivée devant St-Jean-d'Acre, avait promis trois écus d'or par mois à tout chevalier sans solde. Richard Cœur-de-Lion, qui ne voulait pas être en reste avec lui leur promit quatre pièces d'or.

Quoique leur désintéressement des biens de la terre fût plus apparent que réel, les chevaliers donnèrent cependant à cette époque un tel relief à leur institution, que Saladin lui-même voulut en connaître les statuts, et que Malek-Adhel, son frère, envoya son fils aîné à Richard Cœur-de-Lion, pour que le jeune prince musulman fût reçu chevalier dans l'assemblée des seigneurs (1).

A ce moment les chevaliers étaient déjà garnis d'une cotte de mailles de fer ; ils ne connaissaient pas encore ces pesantes armures qu'ils empruntèrent dans la suite aux Sarrasins. Leurs chevaux qui venaient d'Europe, n'avaient alors qu'un harnachement qui paraît avoir été en corde. C'était toutefois une grosse cavalerie ; ce furent les *Turcopoles* des Grecs montés en chevaux arabes, qu'ils s'assimilèrent comme cavalerie légère pour faire le service d'éclaireurs.

(1) Michaud. Hist. des Croisades.

Les Croisades eurent une grande influence sur l'espèce chevaline de l'Europe, et surtout de la France, qui y envoya le plus de combattants. Elles firent en effet connaître à notre pays le cheval d'Orient, avec toutes ses qualités qui le rendent si propre « à supporter les fatigues de la guerre. » Elles démontrèrent en même temps que ce n'est pas toujours le plus gros cheval qui fournit le meilleur service.

Des ânes et des mulets magnifiques furent également importés à la suite de ces événements. C'est alors que des variétés nouvelles apparurent chez nous ; le cheval arabe prit place dans les écuries et dans les haras des grands seigneurs, qui l'apprécièrent justement. Il modifia avantageusement plusieurs de nos anciennes races. Si l'on en croit certains auteurs, le bidet breton descendrait de six étalons envoyés par le bey de Tunis à la duchesse Anne (1), et la jument *mareyeuse* du Boulonnais, ainsi nommée, on le sait, parce que avant les chemins de fer, elle amenait la marée à Paris, faisant le trajet sur le pied de cent kilomètres par jour, devrait sa vigueur et sa légèreté d'allure au cheval d'Afrique, qui traversa la contrée au XIIe siècle (2).

Ordres de Chevalerie.

Pour ces expéditions lointaines, les sentiments religieux s'exaltent ; tout en restant chevaliers, les plus nobles se font moines. Il se forme parmi eux des corporations, des *Ordres*, qui, en dehors de leurs obligations générales, s'imposent chacun une mission parti-

(1) L. de Verchère. France chevaline.

(2) Société d'agriculture du Pas-de-Calais.

culière ; c'est avec la lutte contre les Infidèles, la garde du tombeau du Christ, la protection des pèlerins, et même le soin des malades. Pour s'y consacrer exclusivement, ils font les trois vœux de chasteté, de pauvreté et d'obéissance.

Grâce à leur forte discipline, ces premières milices permanentes constituèrent la principale force du royaume de Jérusalem, et lui permirent de durer pendant près de deux siècles. Malheureusement ils ne suivirent pas toujours, ni assez longtemps, ces règles trop sévères. Chacun de ces ordres posséda dans la suite d'immenses richesses. Les templiers avaient neuf mille manoirs en Occident et les Hospitaliers dix-neuf mille ; chacun sans se gêner, ni s'appauvrir, pouvait fournir un chevalier pour la Terre-Sainte.

Cette grande fortune devint la cause de graves abus, auxquels les papes cherchèrent à plusieurs reprises à s'opposer, mais sans succès. Ce fut aussi avec la disparition des besoins auxquels ils répondaient, la cause de la perte de la plupart d'entre eux.

L'ordre des *Hospitaliers de St-Jean de Jérusalem* a été le plus ancien et le plus illustre. Fondé au commencement du XIIe siècle, il fut confirmé par une bulle du pape Pascal II en 1113. Le Grand Maître ne devait avoir à son service qu'un chapelain, un majordome, deux chevaliers, trois écuyers, un turcopole et un page ; ils ne pouvaient avoir que chacun un cheval. Le Grand Maître lui-même ne possédait que deux chevaux de main et une mule ; les chevaliers étaient réduits à un seul écuyer compagnon nécessaire de leurs expéditions.

Refoulés de la Palestine en 1309, ils se réfugièrent à Rhodes, puis à Malte en 1350, où ils se maintinrent comme puissance politique, sinon militaire, jusqu'à ce que Bonaparte les supprimât en 1798 en se rendant en Egypte.

Les *Chevaliers du Temple* ou *Templiers* se composaient surtout de gentilshommes français. Etablis en Palestine en 1118 et confirmés par le pape au Concile de Troyes en 1128, ils furent chassés de la Terre Sainte par les Turcs. Ils furent détruits violemment en France, où était leur siège principal, par Philippe le Bel en 1318, avec le consentement du pape Honorius, en un concile secret tenu à Vienne en France en 1311 ; la confiscation de leurs biens y fut autorisée au profit du roi.

L'Ordre des *Chevaliers de St-Lazare* fondé également en Palestine en 1119, eut pour objet le soin des malades et particulièrement des lépreux ; ce fut en même temps un ordre militaire. Louis VII, à son retour de la Croisade, en ramena une partie avec lui, et leur confia l'administration des maladreries du royaume.

Ceux de la Saussaie, la maison-mère, près Villejuif, héritaient à la mort des rois de France, leurs chevaux et mulets. Jean II étant mort en Angleterre, son fils dut leur payer une indemnité, parce qu'ils étaient frustrés de ses chevaux. Plus tard, Charles VI leur racheta deux mille cinq cents livres les chevaux de son père Charles V (1).

Nous n'avons pas à parler ici de l'*Ordre Teutonique*, qui ne rentre pas dans notre sujet.

Les ordres qui se maintinrent en France jusqu'à la Révolution furent définitivement abolis à cette époque. Ceux qui existent aujourd'hui et qu'on crée même encore n'ont plus aucun rapport avec ceux d'autrefois ;

(1) Rambaud. Histoire de la civilisation Française.

ils ne sont plus qu'honorifiques et capables seulement d'entretenir « sans charges sérieuses pour l'Etat, une émulation favorable aux intérêts de la Société toute entière. » (*Dalloz. Répertoire de jurisprudence*).

CHAPITRE V.

Guerres privées. — Joûtes et Tournois. — Duels.

Toutes les guerres étrangères si fréquentes au moyen âge, ne pouvaient suffire à l'activité dévorante de cette population guerrière, qui ne trouvait que dans les combats, l'occasion d'étaler sa magnificence, sa bravoure et son habileté, seules qualités estimables pour les nobles batailleurs. C'est pourquoi pendant toute cette période, trois institutions, qui remontaient d'ailleurs à l'origine de la monarchie franque, et même au-delà, restèrent en grand honneur parmi eux, quoique portant les plus graves préjudices aux malheureux habitants des *plats pays*.

Nous voulons parler des guerres privées, des joûtes et tournois et des duels, où le cheval que nous avons en vue dans ce travail, n'a cessé de tenir une place si importante qu'on pourrait presque dire qu'il en fut l'élément indispensable.

A. Guerres privées.

Ces guerres que se faisaient entre eux, quelquefois pour le plus léger motif, les vassaux d'un même suzerain, furent certainement l'obstacle le plus sérieux au développement de la production chevaline à cette époque. L'Eglise et les rois de France, en créant la *Trève de Dieu* et la *quarantaine-le-roi*, n'obtinrent que peu de résultats, touchant la suppression de ces coutumes. Il fallut pour les voir disparaître que la Féodalité s'épuisât d'elle-même et que les armées temporaires fussent devenues permanentes.

Charlemagne par son premier capitulaire de l'an 802, chercha à les interdire.

La *Trève de Dieu*, suspension de toute guerre privée, du mercredi soir au lundi matin de chaque semaine, est proclamée dans le midi, au concile de St-Elne en Roussillon, en 1027 ; en Aquitaine en 1032 et en 1041 par les évêques de la Gaule Narbonnaise, Le concile de Clermont, en novembre 1095, lance l'anathème contre tous ceux qui la transgresseront.

Par une ordonnance de Pontoise, d'octobre 1245, saint Louis promulgua à nouveau pour tout le royaume, la *Trève de Dieu* ou *quarantaine-le-roi* » qui introduit une trève de quarante jours, à compter du fait qui donnerait lieu à la guerre privée. »

En 1257, il fut plus hardi et interdit complètement ces sortes de prises d'armes. Mais comme l'autorité royale était loin d'être aussi respectée qu'elle le devint dans la suite, cette défense n'eut quelque efficacité que pour le propre domaine du roi. C'est pourquoi ses bonnes intentions sont restés sans effet.

En 1299, Philippe le Bel ordonne la saisie des chevaux d'armes de ceux qui se livraient à des guerres privées pendant la guerre étrangère.

Même interdiction le 9 janvier 1303.

En 1308, ordonnance défendant les assemblées des gens d'armes, sous peine de saisie des armes et des chevaux.

Le 9 juillet 1314, mandement portant interdiction des guerres privées et défendant l'exportation d'armes pendant la guerre des Flandres.

Le 1er juillet 1318, mandement de Philippe V le Long, de St-Germain-en-Laye, pour la suspension des guerres privées pendant la guerre des Flandres.

Philippe VI de Valois, — Vincennes, 8 février 1330, — permet les guerres privées dans certaines circonstances.

Sous Jean le Bon, l'autorité royale se sent plus forte, le roi en profite pour renouveler les défenses des guerres privées pendant la guerre avec l'Angleterre à plusieurs reprises, en Parlement le 17 décembre 1352 ; à Paris le 9 avril 1355 et 5 octobre 1361.

Charles V, son fils, ne diminua rien de ces sévérités par ses deux ordonnances des 17 septembre 1367 et 28 mai 1380.

B. — Joutes et Tournois

A défaut de guerres sérieuses, les chevaliers en temps de paix, se passionnaient pour un autre genre d'exercice militaire, qui eut la plus grande vogue pendant la durée du moyen âge. C'étaient les *Joûtes* et *Tournois*, qui les exerçaient à la guerre et leur rappelaient publiquement les lois de la chevalerie sous lesquelles ils s'étaient engagés.

Les Tournois étaient des courses militaires ayant quelque analogie avec nos carrousels, mais plus souvent de véritables combats qui devaient être courtois et loyaux, ayant des règles spéciales, entre un certain nombre de chevaliers, qui dans l'origine, étaient du plus haut lignage, puisqu'on exigeait huit quartiers de noblesse de ceux qui devaient y prendre part.

Ils y trouvaient l'occasion de montrer leur adresse à manier les armes et à faire évoluer leur monture. Tous, en effet, s'y présentaient à cheval, superbement armés et équipés, suivis de leurs écuyers à cheval comme eux. Ils y étalaient un luxe ruineux pour beaucoup d'entre eux ; c'est en partie pour obvier à cet inconvénient que maintes fois les rois voulurent les interdire.

L'Eglise s'y opposa également de tout son pouvoir en excommuniant même les spectateurs, parce que ces luttes, qui ne devaient être que des jeux brillants, avaient trop souvent un dénouement sanglant, quoique les adversaires n'eussent aucun motif de haine l'un contre l'autre.

Le concile de Lyon, où fut prêchée la septième croisade, renouvela cette défense, parce que ces fêtes militaires, outre qu'elles obligeaient les grands seigneurs à de grands frais capables de les empêcher de s'équiper pour la Terre sainte, détournaient aussi leur esprit des croisades.

En 1240, un seul tournoi à Nuys, près de Cologne, coûta la vie à soixante chevaliers et écuyers. C'est depuis lors que les ordonnances d'interdiction se succédèrent nombreuses, mais longtemps sans grand résultat (1).

D'autre part, nous voyons Charles VI compromettre sa dignité et exposer témérairement sa vie, en se mesurant dans un tournoi avec les adversaires les plus habiles.

(1) Janvier 1304, mandement aux baillis et sénéchaux contre les tournois.

30 décembre 1311, ordonnance défendant les tournois et le port d'armes.

Décembre 1312, de Fontainebleau, ordonnance défendant les tournois

La vie désœuvrée des grands, l'habitude et la passion de ces jeux funestes, l'emportaient sur toute autre considération. Il ne fallut rien moins, pour les faire abandonner complètement en France, que l'accident mortel survenu à Henri II en 1559, et la mort d'un prince du sang, Henri de Bourbon-Montpensier, par suite d'une chute de cheval dans un tournoi, l'année suivante.

Avec eux disparaît l'esprit de chevalerie, qu'on ne retrouve plus guère, à cette époque, que dans les romans de chevalerie.

Les joûtes suivirent la fortune des tournois, avec lesquels on les confond quelquefois. Elles en étaient un diminutif, car deux adversaires seulement y prenaient part. C'était un duel où le plus souvent on se servait d'armes de combat au lieu d'armes courtoises, sans que cet échange soit sérieusement motivé.

C. Duels.

Le duel se différencie de la joûte surtout par sa raison, qui doit être glus grave. C'est une justice qu'on cherche à se faire à soi-même, quand les lois paraissent impuissantes à dénouer certaines querelles entre particuliers.

Le moyen âge eut deux sortes de duels : le *duel*

et joûtes jusqu'à la Saint-Remy, « à l'effet de rendre plus solennelle la cérémonie où les fils du roi devaient être faits chevaliers », et aussi pour qu'on pût payer l'aide féodale due en pareil cas.

5 octobre 1314, — de Saint-Ouen, — établissement contre les joûtes et tournois.

En avril 1416, Philippe le Long envoie de Bourges, à divers baillis, des lettres portant les mêmes défenses.

De Paris, — 6 avril 1333, — déclaration de Philippe VI de Valois ayant le même objet.

judiciaire, autorisé et même ordonné par la jurisprudence de l'époque, et le *duel privé*.

Le premier, appelé aussi *jugement de Dieu*, dure de l'origine de la Société franque jusqu'à la fin du xve siècle.

C'était une épreuve juridique, considérée comme infaillible, pour vider au civil certains différends et même pour décider de la vérité d'un point de droit ou de fait ; et au criminel, pour reconnaître le coupable de l'accusateur ou de l'accusé.

Le juge, vite à bout d'arguments, déférait le serment et en dernier lieu, ordonnait le combat singulier entre les parties elles-mêmes ou par champions.

C'est ainsi qu'en 1111, Louis VI acceptait le duel judiciaire qui, à la vérité, n'eut pas lieu, quoique le roi eût déjà désigné son champion, avec Thibault VI, comte de Blois, son vassal rebelle. On en vint à la guerre.

Quand il y avait combat entre gentilhomme et *homme de poote*, d'après l'ordonnance de 1260 de Saint Louis, l'homme de poote combattait à pied, *en forme de champion*, et le gentilhomme à cheval.

Cette forme de champion nous est expliquée par un mandement de Paris, août 1215, du roi Philippe-Auguste à la comtesse de Champagne, lui rappelant une de ses ordonnances par laquelle « à l'avenir, les champions ne se battront plus avec des bâtons plus longs que de trois pieds. »

Les Etablissements donnent les règles du combat entre chevalier et vilain : « S'il arrivait qu'un *coutumier* accusât un chevalier ou un gentilhomme qui dût être chevalier, de meurtre, de vol de grand chemin, ou de quelqu'autre crime qu'on punit de la peine de mort, il serait permis au gentilhomme de se battre a cheval s'il le voulait; mais si c'était le gentilhomme qui appelât le vilain, il serait obligé de combattre à pied, l'on ordonnerait cependant le combat que dans le cas d'accusation de crimes mentionnés ci-dessus et celui qui sera vaincu, sera pendu (1).

« Si un chevalier ou un écuyer appelle un homme de poote, il combat à pied, armé comme un champion, comme l'homme de poote, car puisqu'il s'abaisse à appeler si basse personne, sa dignité en est diminuée d'autant, et il prend les mêmes armes que celui qu'il a appelé ; il serait trop cruel qu'un gentilhomme appelât un homme de poote et qu'il conservât l'avantage du cheval et des armures.

« Si un homme de poote appelle un gentilhomme, tandis que le premier combat en champion à pied, l'autre est à cheval et armé, car comme il n'est que défendeur, il est bien juste qu'il use de ses avantages.

« Si ce sont deux hommes de poote, ils combattent à pied.

« Les mêmes conditions sont observées pour les gentilles femmes. »

(1) Beaumanoir dit également : « Deux gentilshommes, tous deux chevaliers, combattent à cheval, mais armés complètement, comme il leur plaît, excepté constel à pointe et mace d'armes moulués. Chacun n'a que deux épées et son glaive ; de même s'ils sont écuyers. » (Coutume du Beauvoisis).

CHAPITRE VI.

Devoir d'Ost et de Chevauchée.

Les guerres lointaines et la guerre avec les Anglais portèrent un coup fatal à la chevalerie, dont elles firent ressortir tous les défauts. Cette vieille institution, toutefois, ne devait pas disparaître d'un seul coup ; la chevalerie resta un corps à part, mais bientôt elle ne fut plus la seule force de l'armée.

Le premier de nos rois, Philippe-Auguste, eut des troupes réglées, composées de cavalerie à laquelle on adjoignit de l'infanterie ; mais elles ne le furent définitivement que par l'ordonnance du 8 novembre 1439, sous Charles VII. Nos rois qui devaient payer les gens de guerre sur leurs revenus personnels (1), n'étaient pas assez riches ; ils ne leur donnaient que des gages temporaires pendant la durée du service qu'ils étaient en droit d'exiger d'eux.

Le service militaire s'appelait *devoir d'ost et de chevauchée*. Ce dernier terme indique bien que le cheval en était considéré comme l'accessoire le plus important.

Ce devoir consistait à monter à cheval pour défendre le roi ou le seigneur féodal dans leurs guerres particulières. A partir de l'âge de vingt ans, les nobles devaient le service militaire et s'équipaient à leurs frais. Ceux qui s'y refusaient payaient une amende de soixante sous. Les croisés eux-mêmes n'en furent pas

(1) Si la campagne se prolongeait au-del du temps accorde par la loi feodale.

dispensés (1), et les femmes possédant fief devaient un nombre d'hommes proportionnel à leurs biens.

Contrairement à ce qui se passait sous la deuxième race, il en était de même pour les ecclésiastiques relevant des domaines du roi. Des lettres du 12 janvier 1337, enjoignent en effet à l'évêque de Châlons de se rendre à l'armée, à Amiens, en chevaux et en armes.

Le *devoir d'ost* était de monter à cheval pour accompagner le roi dans une guerre publique, faite dans l'intérêt commun, pour une durée plus ou moins longue. Primitivement, on le devait donc pour la défense du royaume.

La *chevauchée*, au contraire, avait un terme limité ; le seigneur ne pouvait la réclamer que pour un but déterminé.

Le roi avait le droit d'exiger les deux services pendant soixante jours et soixante nuits consécutivement, non compris l'aller et le retour ; d'après la coutume d'Anjou, seulement quarante jours et autant de nuits. Ceux qui se retiraient avant l'expiration du délai légal, avaient soixante sous d'amende. En cas de besoin, le roi pouvait retenir les gens de guerre plus longtemps, mais à ses frais, sauf le cas où c'était pour guerroyer en dehors du royaume.

(1) Ordonnance de Philippe-Auguste.

CHAPITRE VII.

Le Cheval et autres animaux domestiques dans les Institutions civiles.

A côté de cette noblesse si brillante et si luxueuse, qui ne vivait que pour les armes et pour la guerre, « et qui ne savait mie bien raisonnablement employer le temps ailleurs », dit Froissard, en parlant de la croisade prêchée sous Philippe de Valois, en 1330 (1), se trouvait une autre population, dont la misère était des plus grandes, et qui avait besoin qu'on vînt à son secours dans bien des circonstances.

L'Eglise prit l'initiative de mesures protectrices ; nous l'avons vue proclamer partout la *Trève de Dieu*. En 1031, le concile de Bourges avait placé sous la sauvegarde de la religion « les laboureurs, leurs bœufs et leurs moulins. » En 1095, le Concile de Clermont non-seulement la fait adopter dans toute l'Europe, mais encore il décide que « les bœufs, les chevaux de labour, les hommes conduisant leur charrue, les bergers avec leurs troupeaux jouiraient d'une paix perpétuelle et seraient à l'abri de la violence et du brigandage. »

Les rois également comprirent de bonne heure que si le moment n'était pas encore arrivé de dépouiller les grands seigneurs de leurs privilèges de naissance, il y avait cependant grande nécessité à soulager ceux qui peinaient à travailler la terre. Il y allait de l'intérêt général, le cheval et le bétail ne leur rendaient pas moins de services, et eux-mêmes étaient aussi utiles, quoique dans un ordre pacifique.

(1) Qui n'eut pas lieu.

C'est dans ce double but que furent rédigés les Etablissements de saint Louis, que nous avons eu déjà l'occasion de citer. D'après cette jurisprudence, les gentilshommes ne devaient aucun droit de vente ou de *péage* (1) pour les troupeaux entretenus sur leurs domaines, depuis un an et un jour, c'est-à-dire pour les animaux qui n'étaient pas achetés dans un but commercial. Ils exemptaient mêmes de ces droits ceux de leurs gens qui nourrissaient leurs bestiaux sur ces mêmes terres.

C'était là une prime intelligente à l'élevage et à la production, qui ne doit concourir aux charges de l'Etat que dans la mesure absolument nécessaire. Cette dispense profitait à la grande majorité ; il était difficile, en effet, d'élever le bétail en dehors des terres nobles, qui absorbaient alors le sol tout entier.

Une ordonnance de 1269 autorisait à mettre les bêtes aux champs pour pâturer, seulement trois jours après l'enlèvement des récoltes, pour permettre le glanage aux pauvres ; toutefois ces bêtes, bœufs, vaches ou chèvres, ne pouvaient y passer la nuit que si elles avaient plus de trois ans, à peine de soixante sous d'amende.

Nous ne nous expliquons pas très clairement le but de cette interdiction, à moins que ce ne soit en vue de protéger les plus jeunes animaux contre les rigueurs de la température nocturne ou contre les animaux

(1) *Péage* ici ne doit pas être le droit dû pour les bêtes au passage des ponts, routes, etc., car il ne serait pas juste que le gentilhomme affranchît l'acheteur du péage.

« Le mot ne vient donc pas de *pedagium*, mais de *pacar* , payer (en basse latinité), c'est-à-dire qu'il ne paie aucune petite coutume au levage de ce qu'il vend. » (Laurière).

sauvages susceptibles de les attaquer à la faveur de l'obscurité.

Les vols d'animaux ou d'instruments agricoles étaient punis de peines corporelles graves. « Le vol d'un cheval ou d'une jument mérite la pendaison, disent les Etablissements. »

Celui qui dérobe un soc de charrue ou tout instrument semblable a l'oreille coupée ; s'il recommence, c'est le pied ; à la troisième récidive, il est pendu (1).

Quant aux ventes d'animaux domestiques, nous ne trouvons plus de loi spéciale pour tout le royaume, comme sour les Mérovingiens. Elles sont régies par les Coutumes dans la plupart des provinces, d'une façon qui varie pour les vices rédhibitoires et pour la durée de la garantie. Les Etablissements ne prévoient que le cas, qui devait se présenter assez souvent, au milieu du trouble et du désordre qui gouvernaient pour ainsi dire, la société féodale tout entière, où on mettait en vente un animal volé. La loi des Francs était supérieure à ces prescriptions trop écourtées, qui vinrent cependant six cents ans plus tard.

Comme il n'y avait que quelques gens de qualité qui savaient écrire et qui pouvaient faire des contrats, le juge avait recours, pour la preuve, au serment ou au duel.

Quand quelqu'un affirmait sous serment qu'on lui avait volé un cheval, un bœuf ou tout autre objet, pour le vendre à un autre, l'acquéreur rendait l'objet volé et perdait son argent. Cependant, sur sa demande, on lui accordait un délai pour rechercher son vendeur ou un *garant* que la chose avait été vendue légalement.

(1) D'après l'article 11 de la Coutume du Loudunois, celui qui emble (vole) un bœuf ou une vache a l'oreille coupée.

Si celui qui se prétendait volé n'acceptait pas le garant, l'objet en litige restait entre les mains de la justice, et tous deux allaient en champ clos en appeler au *jugement de Dieu*, par eux-mêmes ou par champions.

Le vaincu n'était ni pendu ni mutilé comme pour trahison ou vol au premier chef ; il payait seulement à son adversaire ce que lui avaient coûté son champion et les dépens faits le jour que le combat avait été décidé. Il versait en outre soixante sous à la justice.

Comme autrefois, les propriétaires d'animaux méchants étaient rendus responsables de leurs méfaits : celui qui conduit au marché une bête qui blesse quelqu'un en route, est obligé d'indemniser le blessé, s'il jure qu'il ne lui connaissait pas ce défaut. S'il n'ose pas faire ce serment, l'animal est confisqué par la justice. Si la blessure cause la mort d'un homme ou d'une femme et que le propriétaire puisse être appréhendé, il devra, s'il nie que la bête lui appartient, jurer qu'il ne la conduisait pas au moment de l'accident ; alors la justice confisque l'animal pour que personne ne puisse plus s'en servir.

Si au contraire il la reconnaît pour être sienne, mais qu'il déclare ignorer qu'elle était méchante, elle est encore confisquée et il paie le *relief* d'un homme, qui est de cent sous onze deniers. Mais s'il est assez insensé pour dire qu'il lui connaissait ce défaut, il est pendu à cause de son aveu.

Du Droit de prise.

Il existait, au moyen-âge, un système de réquisition en vertu duquel certains fonctionnaires étaient autorisés à s'emparer de différentes choses pour le service public. C'était le *droit de prise*, qui donna lieu à tant d'abus, dont il était le prétexte et l'occasion de la part des officiers de la maison du roi et autres grands seigneurs. Les Etablissements ont cherché à maintes reprises à le restreindre et à le régler sévèrement. Nous allons voir quel tort il a fait à la production du cheval et autres animaux domestiques à cette époque.

L'ordonnance de saint Louis pour la *réformation des mœurs dans le Languedoc et le Languedoil*, défend de prendre aux propriétaires, serait-ce même pour le service du roi, leurs chevaux sans leur consentement. On devra les louer et ne prendre que ceux dont on a besoin, pour ne pas avoir la tentation de se faire des bénéfices par ce moyen, en rendant à prix d'argent ceux qui auraient été requis en trop. En tout cas, on laissera ceux des marchands de passage, des ecclésiastiques et des pauvres, à moins que ce ne soit sur un ordre exprès du roi.

Ces prises illégales étaient tellement dans les habitudes des nobles, qu'ils en faisaient à tout propos et sous le moindre prétexte. Les inconvénients en devinrent si criants et les plaintes furent si fréquentes, que les rois successeurs de saint Louis durent s'en émouvoir et faire de nouvelles ordonnances à ce sujet.

Philippe de Valois, ordonnance de Notre-Dame-des-Champs, du 15 février 1345 « défend d'obéir à tous autres qu'à ceux de son lignage qui voudraient contre la volonté du propriétaire s'emparer de chevaux, charrettes et chevaux à chevaucher (1), des blés et des avoines et autres grains, et des vins et des bêtes et de tous autres vivres......... à moins qu'ils ne paient à

(1) Ce sont les chevaux de selle, par opposition aux premiers, qui étaient ceux d'attelage.

deniers comptants ou au prix du cours ordinaire si les choses étaient exposées en vente. »

Le roi permet aux personnes lésées de se saisir des coupables et de les tenir en prison jusqu'à ce que lui-même en décide autrement. Ces prises ne seront autorisées que quand le roi, par lettres scellées de son scel, en aura chargé ses chevaucheurs (1) pour ses propres besoins, ceux de la reine ou de ses enfants ; toutefois, quand ils n'auront pas trouvé à en louer.

Cette ordonnance fut renouvelée en 1358, sous le règne de Jean le Bon ; sous Charles V, — Paris, 17 août 1367, — et sous Charles VI, — Paris, 17 mars 1390.

Nous rapportons les termes de celle de Charles V, qui nous paraît donner une idée assez complète de la condition à laquelle était réduite la société civile à cette époque.

« Comme de nouveau il est venu à notre connaissance par la plainte de plusieurs bonnes gens, que, pour cause des prises que l'on fait par longtemps et que chaque jour l'on faisait de chevaux .... de bétail, poulailles, etc., foin, avoine, fourrages, charrettes, blé, vin que l'on prenait pour les garnisons de notre hôtel, de celui de la reine et de nos frères, connétable et autres de notre lignage ou d'autres quelconques. »

« Ainsi les bonnes gens des plats pays étaient empêchés à faire leurs labours et demeuraient ainsi plusieurs terres et grandes propriétés en friche, parce que les chevaux de leurs charrues et charrettes, les foins et avoines et autres fourrages dont ils nourrissaient leurs chevaux et bétail et eux-mêmes, étaient chaque jour pris, ce qui menaçait de les ruiner.

(1) C'étaient des sortes d'écuyers.

« En outre, les riches finiraient par en souffrir eux-mêmes, nous voulons et ordonnons que toutes ces prises cessent et qu'on ne prenne que ce qu'il faut, moyennant finances et un juste et loyal prix, et du consentement des bonnes gens, et cela avant de les prendre et de les employer, sous peine, pour nos officiers, d'être chassés de notre hôtel. »

Le droit que ces ordonnances donnaient aussi aux bonnes gens de résister, était le plus souvent illusoire. Ils n'avaient pas la force pour eux et ils n'osaient pas davantage se plaindre, car leur influence était trop faible pour obtenir qu'on leur rendît justice. Ce n'est que quand les réclamations devenaient trop nombreuses et trop pressantes, à la suite d'exactions poussées à l'excès, que le pouvoir central arrivait à en avoir connaissance ; alors il prenait des mesures qui, faute de sanction sérieuse, restaient, la plupart du temps, à l'état de lettre morte.

Les successeurs immédiats de saint Louis n'innovèrent que peu de choses en matière de législation, touchant les animaux domestiques. Il faut aller jusqu'en 1315, pour rencontrer une ordonnance, — Paris, 13 décembre 1315 — qui défend de troubler les laboureurs dans leurs occupations et de s'emparer de leur personne, de leurs bœufs, de leurs instruments aratoires ou de tout autre chose servant aux travaux des champs.

En février 1318, nous rencontrons une ordonnance renouvelée de Philippe-Auguste, sur les juifs et les prêts sur gage. Il y est dit qu'un chevalier (1) peut donner un cheval (2) en gage à un juif, sans que le roi puisse s'y opposer.

(1) *Miles*. (2) *Equus*.

En 1314, le roi songe à se faire des revenus en imposant des droits sur l'exportation des bestiaux. C'est une des premières ordonnances de douane que Philippe de Valois réédite un peu plus tard, le 16 octobre 1340. Un mandement de Paris, — 10 août 1345 — au sénéchal de Beaucaire, décrète aussi un impôt sur les bestiaux étrangers importés en France (3), pour y paître pendant l'été. C'est là une des traces les plus anciennes de la *Transhumance*, qui existe encore actuellement dans les Alpes.

En 1358, le roi Jean rendit aussi, le 16 septembre, une ordonnance de douane beaucoup plus détaillée dans laquelle il fait défense d'exporter des laines, quelles qu'elles soient par d'autres ports qu'Aigues-Mortes et St-Jean-de-Leuc. Le droit était, pour 25 *preries* ou quintaux, au poids de Montpellier, de soixante sols tournois forte-monnaie pour de la laine de première qualité, de quarante-cinq pour chaque charge des autres laines du Languedoc et de trente pour les grosses laines de montagne. Chaque brebis ou mouton devait payer trois deniers tournois.

Les grands chevaux (4), les harnais, le fer et l'acier ne pouvaient être exportés sans autorisation et devaient également acquitter un droit.

Quant aux grains, des lettres royales du commencement du XIVe siècle, ordonnaient aux particuliers de porter au marché ce qui restait au-delà de l'approvisionnement de la maison. Nous savons que Charlemagne prit, à plusieurs reprises, des mesures analogues.

(1) La limite de la France était alors au Rhône.

(2) Les grands chevaux sont des chevaux de guerre ; ce sont les destriers qu'on veut empêcher de sortir du royaume.

Les foires au Moyen-Age.

A ce moment, où le commerce est encore dans l'enfance à cause de la difficulté des communications et de leur peu de sécurité, les rois, depuis Dagobert (1), avaient reconnu la nécessité d'instituer des marchés ou foires périodiques, où les marchands du monde entier apportaient leurs produits en échange de ceux du pays.

Parmi ces réunions, les *foires de Champagne et de Brie*, ainsi nommées parce qu'elles se tenaient à Lagny, Bar-sur-Aube, Provins, Reims et Troyes, occupèrent le premier rang aux XIe et XIIe siècles, à cause de la position, sur les frontières du royaume, de ces provinces, qui en faisait un point central pour les marchands étrangers. Ceux de Flandre et d'Italie s'y rencontraient avec ceux d'Allemagne.

Mais jusqu'à la guerre de Cent ans, qui leur porta le plus grand préjudice, il s'y produisit une foule d'abus, notamment en ce qui concernait le commerce de chevaux, alimenté surtout par des marchands « italiens, ultramontains, florentins, provençaux, milanais, lucquois, génevois, vénitiens, allemands et de quelques autres pays étrangers. » Les gardes, écuyers, estimeurs, courtiers, chevaucheurs, etc., saisissaient les animaux et s'en emparaient sous un prétexte quelconque, sans indemniser les propriétaires. Ceux-ci ne trouvant plus dans les foires aucune garantie ni sécurité pour leurs marchandises et même pour eux, les abandonnèrent peu à peu. Le commerce changea ses voies ; les flamands entrèrent en relation

(1) Ce roi aurait créé la foire de Saint-Denis en 629, la première dont il est fait mention.

par mer avec les italiens, et ces réunions déclinèrent dès lors avec rapidité, ainsi que la prospérité de la Champagne.

C'est pour arrêter cette décadence si préjudiciable à l'intérêt public, que Philippe de Valois rendit l'ordonnance de Vincennes, — 6 août 1349 — par laquelle il défendait de saisir des chevaux sans motif et de les garderplus de trois jours, à moins que ce ne soit sur un commandement exprès pour le roi et sa famille.

Malgré ces mesures, qui paraissent avoir été rigoureuses, les foires de Champagne continuèrent à décroître jusqu'au xve siècle, époque à laquelle celles qui furent créées à Lyon achevèrent leur ruine, aussi bien que les guerres continuelles qui ne cessaient de ravager le territoire.

On sait que quoique les conditions économiques soient bien modifiées, il existe encore en France de ces foires importantes de chevaux : celle de Caen pour les chevaux de trait, celle de la Chandeleur à Alençon, pour les chevaux de selle, et celle de Guibray à Falaise, pour les chevaux de tout service.

L'Hygiène dans les villes.

Une ordonnance royale — 19 juillet 1349 — nous apprend combien l'hygiène des villes laissait à désirer. Elle a pour but de combler cette lacune, en donnant satisfaction aux habitants qui s'en plaignaient, au moins dans la mesure que comportaient les mœurs du temps.

Elle interdit l'entretien et l'engraissement des porcs dans la ville de Troyes, et le dépôt des fumiers au milieu des rues. Il paraît même qu'on était dans l'habitude de nourrir ces animaux non-seulement dans les maisons des simples particuliers, mais encore dans celles qui dépendaient des églises, ainsi que dans les maisons nobles. On faisait également des fosses à fumier dans les rues, ce qui avait été la cause d'épidémies parmi les habitants et les voyageurs qui s'y arrêtaient pour leurs affaires.

Charles V, qui doit bien avoir fait quelque chose pour mériter le surnom de *Sage* que lui ont décerné ses contemporains, s'est occupé en effet du pauvre peuple qui avait alors tant à souffrir. Il a aussi tenté d'améliorer la triste situation de ses sujets.

A la suite des Etats généraux qu'il avait réunis à Sens, il rendit, dans cette ville même, le 20 juillet 1367, une ordonnance dans laquelle, après avoir constaté que les labours ne se font pas, par suite des saisies « de chevaux, bœufs ou autres bêtes tirant » et des laboureurs eux-mêmes, pour payer les redevances royales. » Il ordonne que l'on s'en dispense à l'avenir, quand les débiteurs auront d'autres biens meubles ou immeubles d'une valeur suffisante.

Nous avons vu plus haut son ordonnance de cette même année sur la réglementation du droit de prise. Par des lettres datées du Louvre, 1er octobre 1372, en Conseil du roi, il défendit encore, sur les plaintes réitérées de divers pays vignobles, de faire pâturer « aucunes grosses bêtes ou menues dans les vignes vendangées, d'où très grands inconvénients et dommages irréparables s'ensuivaient chaque jour, tant sur les prouvains nouveaux et autres seps que les dites bêtes rompent et gâtent de toutes façons. »

CHAPITRE VIII.

La Chevalerie dans l'armée régulière.

La Chevalerie, complète au XIIe siècle, prit toute sa splendeur au XIIIe.

Elle s'étendit au monde entier, qu'elle gouverna pendant plus de quatre cents ans, et fonda même plusieurs des empires modernes. Le règne de Jean le Bon fut sa période la plus brillante, mais aussi le commencement de sa décadence, car elle se livra alors aux fantaisies les plus extravagantes.

Le *Combat des Trente* est un de ses plus héroïques faits d'armes, en même temps qu'un des plus inutiles. Il eut lieu pendant un armistice ; la nationalité et l'intérêt de la guerre y furent pour peu de chose : « Y a-t-il quelque homme, vous ou tout autre, ou deux ou trois, dit Beaumanoir, le chef breton, à Bramborough, le chef anglais, qui voulussent joûter de fer de glaives contre trois autres, pour l'amour de leurs amies. » Cest donc seulement pour le point d'honneur qu'eut lieu cette lutte à outrance entre dix chevaliers et vingt écuyers de chaque côté, dont vingt anglais, six bretons et quatre allemands d'une part, contre trente bretons et français.

Il paraît qu'il fut livré à pied, sauf, selon Froissard, cinq combattants de chaque côté, qui restèrent à cheval. Les chevaliers qui avaient essuyé de sanglantes défaites dans les guerres précédentes en venant se briser, malgré les charges les plus brillantes, contre une infanterie mieux disciplinée et favorisée par le terrain, s'étaient rendu compte de la difficulté quelquefois insurmontable de faire évoluer librement leur monture lourdement garnie au milieu de la mêlée. C'est pourquoi dans ce combat, comme cela se faisait fréquemment depuis Crécy, les chevaux étaient restés en arrière, tenus à leur disposition.

Pendant la deuxième reprise de l'action, un des compagnons de Beaumanoir, demeuré à cheval, fit tourner la victoire du côté des Bretons en se lançant dans la mêlée avec son cheval, renversant et tuant plusieurs Anglais.

Il nous a paru intéressant ne faire cette digression sur un des derniers hauts faits de la Chevalerie « qu'on ne doit pas oublier, dit Froissard, mais qu'on doit mettre en avant pour servir d'exemple et d'encouragement aux bacheliers. »

Ce qui prouve bien qu'elle commençait à déchoir à ce moment, c'est que Jean le Bon l'enrégimenta, et essaya, sans y arriver d'une façon complète il est vrai, de l'assujettir à une discipline plus rigoureuse.

Par un règlement sur les gages et le mode de service dans la cavalerie et l'infanterie, — Paris, dernier avril 1351, — il accorde quarante sols tournois par jour au banneret et vingt seulement au simple chevalier.

Chacun devait se présenter, d'après le règlement précité, sur son cheval d'armes, dont la valeur, estimée à ce moment, devait être d'au moins trente livres tournois. Une marque uniforme était appliquée à la cuisse avec un fer chaud (1) à tous ceux d'une même *route* (2).

(1) Cet usage a été suivi jusqu'à nos jours.

(2) C'est-à-dire une bande d'hommes de troupes à cheval, équipés assez légèrement pour manœuvrer librement sur les routes, sous la conduite d'un même chef. Le nom de *Routier*, qui vient de là, fut détourné de son sens primitif et appliqué en mauvaise part aux gens des *Grandes Compagnies*, dont Charles V put débarrasser la France, avec l'aide de Duguesclin, qui les emmena en Espagne.

Lors du départ, on s'assurait que chacun avait bien le cheval inscrit, et son maître jurait qu'il était bien à lui ainsi que les harnais, ou qu'il avait le droit d'en disposer entièrement.

Deux fois par mois au moins, à l'improviste, pour qu'on ne puisse rien emprunter, on passait des revues ou *montres* (1) des cavaliers en armes ou désarmés. Ceux qui étaient trouvés en défaut subissaient une retenue sur leurs gages.

On ne pouvait changer de cheval qu'avec l'autorisation du Connétable ou du Maréchal ou autre chef de guerre. Si par une cause quelconque il venait à être hors de service, il fallait en avertir immédiatement ledit chef pour qu'un homme ne soit pas payé à rien faire.

Un autre mandement de Vincennes, — 7 novembre 1353, — interdit aux gens d'armes de sortir du royaume pendant la guerre, sous peine de confiscation de tous biens et de prison, afin qu'ils puissent mieux servir l'intérêt public (2).

Malgré ces louables efforts des rois pour tenir leurs troupes en main, les abus n'en continuèrent pas moins ; c'est pourquoi Charles V fit une nouvelle ordonnance, — bois de Vincennes, 13 janvier 1373 — sur l'organisation de l'armée, beaucoup plus complète que celle de son père, et dans laquelle on remarque qu'il n'est plus question de la Chevalerie.

Il est enjoint à tout chef de guerre « de ne recevoir ni à montre ni à revue aucuns gens de guerre, s'ils

(1) Ces deux mots sont synonymes. — On appelait ainsi le rassemblement des troupes en ordre de bataille pour s'assurer si elles étaient au complet et en bon état, et aussi pour en ordonner le paiement.

(2) « *Ferventius laborare pro republica* ».

n'y sont en personne bien montés et armés de leur propre harnais ou de celui de leur maître. »

« A l'avenir, dit le § 15, nul ne pourra être capitaine sans notre lettre et autorité ou de nos lieutenants ou chefs de guerre ou d'autres princes et seigneurs de notre royaume, pour notre service, défense, bien et sûreté de leur pays, sous peine de perdre chevaux et harnais et tous biens meubles et héritages. »

Le § 16 s'exprime ainsi relativement aux gages : « Les capitaines ayant cent hommes sous leurs ordres, auront cent francs par mois. Quant aux lieutenants et chefs de guerre, qui auront un plus grand nombre sous leurs ordres, ils auront ce qu'il nous plaira. »

Comme chaque chef entretenait ses hommes, on comprend que les tentatives de réforme n'aient eu qu'un succès tout à fait relatif et que le métier de pillard était bien plus rémunérateur. C'est sous ce règne que Talbot, qui certainement ne parlait pas que pour lui seul, s'écriait dans un accès de franchise et d'enthousiasme : « Si Dieu était homme d'armes, il serait pillard. »

C'est aussi vers cette date que l'armée se popularisa, se *démocratisa*, dirions-nous, si nous ne craignions de faire un anachronisme : les bourgeois eux-mêmes entrèrent alors dans la cavalerie. Charles VI écrit en effet, en août 1390, des lettres portant qu'à Neufchâteau, en Lorraine, « on ne pourra saisir ni les chevaux de bataille, ni les armes des bourgeois. » Leurs montures sont donc considérées à l'égal des destriers de la Chevalerie.

L'ordonnance de Charles VII, du 8 novembre 1439, qui rendit l'armée permanente, put faire espérer qu'on allait remédier plus sérieusement aux désordres qu'on avait vus jusque-là. Une taille perpétuelle de douze cent mille livres fut votée par les Etats-généraux pour en assurer le fonctionnement ; cette réforme ne fut complète qu'en 1445.

Si nous cherchons maintenant à nous résumer, nous voyons que jusqu'aux XIe et XIIe siècles, le cheval est le principal instrument de la guerre ; son cavalier seul est garni d'une cotte de mailles de fer ; avec le perfectionnement des armes offensives, cette défense est insuffisante, cavaliers et montures se garnissent d'armures plus résistantes qui, sous Philippe le Bel, s'allourdissent en s'étendant, pour les couvrir entièrement. On recherche alors les gros chevaux parmi les boulonnais, normands, allemands, etc.

Les mouvements étaient difficiles pour ces masses bardées de fer, propres à soutenir un choc et à combattre de pied ferme. Une fois lancées en avant, elles ne pouvaient plus s'arrêter, ce qui fut, dans plusieurs circonstances, la cause de leur destruction. Il en a été ainsi jusqu'à l'apparition des armes à feu employées pour la première fois par les Anglais, à Crécy, en 1347.

Comme elles ne cessent de se perfectionner depuis lors, il se produit une révolution complète dans la tactique militaire. La cavalerie est forcée de s'alléger et de rechercher des chevaux plus fins et plus maniables ; subissant les conséquences de ce nouvel état de choses, la chevalerie tend à disparaître, aussi bien par l'organisation meilleure de l'infanterie qui devient plus redoutable, que par l'affaiblissement du système féodal, auquel elle doit son existence. Elle s'avilit par la facilité avec laquelle on l'accorde ; Charles VI aurait fait, dit-on, cinq cents chevaliers en un seul jour.

Sous Charles VII, elle s'efface devant les *Compagnies d'ordonnance* ou *Gendarmerie* ; elle montre encore parfois signe de vie, mais elle a perdu son autonomie. Elle dure ainsi jusqu'au XVIe siècle, où elle reprend un nouvel et dernier lustre avec Louis XII, Bayard et François Ier, qui, chacun de leur côté, et pour des motifs différents, ne répondent plus qu'en partie, à l'idéal du début de l'institution.

La Gendarmerie est encore une cavalerie d'élite fort estimée, c'est la plus noble partie de l'armée. Les plus grands seigneurs : La Trémoille, Bayard, La Palice, Montmorency, le roi lui-même tiennent à honneur de commander chacune de ces quinze compagnies.

Le cavalier est encore armé de toutes pièces comme le chevalier qu'il remplace, et le cheval est aussi couvert d'armes défensives. Chacun de ces hommes d'armes est accompagné d'une *lance fournie*, c'est-à-dire de cinq personnes : trois archers, un coutelier et un page ou varlet, tous à cheval, sauf le coutelier, qui conduisait les bagages et allait souvent à pied. La compagnie se composait donc de six cents hommes, et les quinze ensemble faisaient neuf mille chevaux, sans compter les volontaires qui les accompagnaient, dans l'espoir de devenir à leur tour hommes d'armes.

Le même Charles VII envoya des groupes de vingt et trente de ces gendarmes tenir garnison dans ses places fortes pour aider la milice des communes jusqu'à ce que celle-ci fut complètement mise de côté sous Henri IV.

La gendarmerie formait la grosse cavalerie qui resta la véritable force de l'armée jusqu'au XVIIe siècle ; l'armure complète ne fut supprimée que sous Louis XIV.

A partir de Charles VIII, on sentit la nécessité, pendant les grandes guerres de ce règne, de leur adjoindre des troupes plus légères dont beaucoup furent montées. Ce n'est en effet que contraint par l'évidence qu'on finit par reconnaître toute la force de l'infanterie.

Il y eut des *archers*, des *arbalétriers*, des *cranequiniers* également munis de l'arc, qui furent le noyau de la cavalerie légère ou *chevau-légers*. Ces nouvelles troupes, qui prirent d'abord spécialement le nom de *cavalerie*, furent tenues en petite estime par les *gendarmes*, parce qu'elles ne venaient qu'après eux pour poursuivre l'ennemi qu'ils avaient rompu et l'empêcher de se rallier.

Charles VIII employa dans les guerres d'Italie les *Stradiots*, aventuriers grecs armés de la lance et du bouclier ; Charles IX eut les *argoulets*, sortes de hussards, chargés du service d'éclaireurs pourvus de l'arquebuse. C'est pendant la régence de Catherine de Médicis que les *reîtres*, cavaliers allemands, firent leur première apparition en France, soudoyés par les partis qui se disputaient la couronne.

Sous Henri IV, on vit les *carabins* et les *carabiniers*, ayant la grosse arquebuse à rouet et le pistolet pour armes offensives. C'étaient des soldats d'élite intercalés par groupes dans les compagnies de chevau-légers, avant d'être réunis en corps séparé sous Louis XIII et Louis XIV.

Depuis cette époque, par suite des changements successifs que les circonstances apportaient à sa constitution, et sur lesquels nous n'avons pas à insister ici, notre armée reçut peu à peu l'organisation que nous lui voyons aujourd'hui.

Quant au cheval et aux autres animaux domestiques, considérés dans leurs rapports avec les institutions civiles, si nous en jugeons par les mesures protectrices prises en leur faveur aux deux premières époques de l'histoire, nous en conclurons que pendant le moyen âge, on ne s'en occupait que d'une façon pour ainsi dire incidente, et qu'on leur prêtait une importance beaucoup moins grande que pendant la période d'établissement des Francs dans notre pays.

TABLE

4697. — Imp. de l'Union Rép.

www.ingramcontent.com/pod-product-compliance
Lightning Source LLC
LaVergne TN
LVHW012006160826
845678LV00002B/697

9782329676364